Bibliografische Information der Deutschen Nationalbibliothek:

Die Deutsche Bibliothek verzeichnet diese Publikation in der Deutschen National-
bibliografie; detaillierte bibliografische Daten sind im Internet über http://dnb.d-
nb.de/ abrufbar.

Impressum:

Copyright © 2017 GRIN Verlag, Open Publishing GmbH
Druck und Bindung: Books on Demand GmbH, Norderstedt Germany
ISBN: 9783668492875

Dieses Buch bei GRIN:

http://www.grin.com/de/e-book/354112/einfluss-von-persoenlichkeitsmerkmalen-
auf-die-gruppenleistung

Nadine Ebert

Einfluss von Persönlichkeitsmerkmalen auf die Gruppen-leistung

Existiert ein Zusammenhang zwischen Gruppenzusammenstellung und Persönlichkeitsmerkmalen im Hinblick auf die Gruppenleistung?

GRIN Verlag

Einfluss von Persönlichkeitsmerkmalen auf die Gruppenleistung bei ihrer Zusammenstellung

Hausarbeit im Fach „Grundlagen der Psychologie"
Bachelor of Arts (BA)
an der Europäischen Fernhochschule Hamburg

Inhaltsverzeichnis

Abbildungsverzeichnis

Kurzeinleitung

Die vorliegende Arbeit beschäftigt sich mit der Zusammensetzung von Gruppen nach Persönlichkeitsmerkmalen. Das Augenmerk liegt dabei auf dem Merkmal der Verträglichkeit. Ebenso wird beleuchtet, ob ein Zusammenhang zwischen Gruppenzusammenstellung und Persönlichkeitsmerkmalen im Hinblick auf die Gruppenleistung gibt.

Zu Beginn werden die aktuellen Erkenntnisse zum Thema Gruppen und deren Leistung betrachtet, darauf aufbauend wird auf Prozessgewinne und -verluste eingegangen. Die einzelnen Persönlichkeitsmerkmale werden kurz aufgefasst, um dann genauer auf das Merkmal Verträglichkeit einzugehen. Aus dieser Betrachtung wird die Hypothese hinsichtlich der Gruppenleistung im Zusammenhang mit den Persönlichkeitsmerkmal.

Anschließend wird durch die Literaturrecherche und den Erfahrungen aus der Forschung die Hypothese auf Validität geprüft.

Abschließend wird eine Handlungsempfehlung ausgesprochen bezüglich der Zusammenstellung von Gruppen im Hinblick auf die Leistungsstärke. Ebenso wird eine Stellung zu dem Thema bezogen.

Die Arbeit zeigt, dass eine Zusammenstellung der Gruppe mit dem Persönlichkeitsmerkmal Verträglichkeit möglich ist und dass dies die Gruppenleistung erhöht. Jedoch ist die Umsetzung in der Realität oftmals nicht so einfach und daher nicht immer möglich.

1   Einführung in das Thema / Problemstellung

Das Thema der Zusammenstellung von Gruppen und Gruppenleistung
gehört in den Bereich der Sozialpsychologie, genauer zuzuordnen ist es
der Persönlichkeitspsychologie. Sozialpsychologie ist „der wissenschaft-
liche Versuch, zu verstehen und zu erklären, wie Gedanken, Gefühle und
Verhaltensweisen von Individuen durch die tatsächliche, vorgestellte o-
der implizierte Anwesenheit anderer Menschen beeinflusst werden."
(Klaus Jonas, 2014)

Gruppen finden wir überall in unserer Gesellschaft. Ihren Ursprung finden Teams Sportbereich, hier wurde bereits in den frühen Jahren in
Teams Sport getrieben. Am beliebtesten waren die Sporten in denen jeder
eine andere Rolle gespielt hat, aber dennoch gleichberechtigt war, was
den Status im Team anging (Belbin, 2010, S.2).

In der heutigen Zeit verschwimmen die Grenzen in den Abteilungen immer mehr und die Tendenz geht immer weiter in Richtung Teamarbeit
und nimmt dahingehend auch immer mehr an Relevanz zu.

Dies wird auch deutlich dadurch, dass die sogenannten Soft Skills in der
heutigen Berufswelt immer mehr an Bedeutung gewinnen. Früher waren
diese nicht so wichtig, da zählte das Fachwissen um einiges mehr, als
Kommunikation oder ähnliche Fähigkeiten. Eine Umfrage von Caree-
builder.de, durchgeführt von Harris Interactive (2008), zeigt, dass Teamfähigkeit von 46% der 238 befragten Personalchefs und Human Re-
sources-Experten im Lebenslauf an oberste Stelle stehen. Verdeutlicht
wird dies noch durch folgende Statistik der Hochschule der Medien. Hier
stehen der Punkt Teamfähigkeit unter den Top 4.

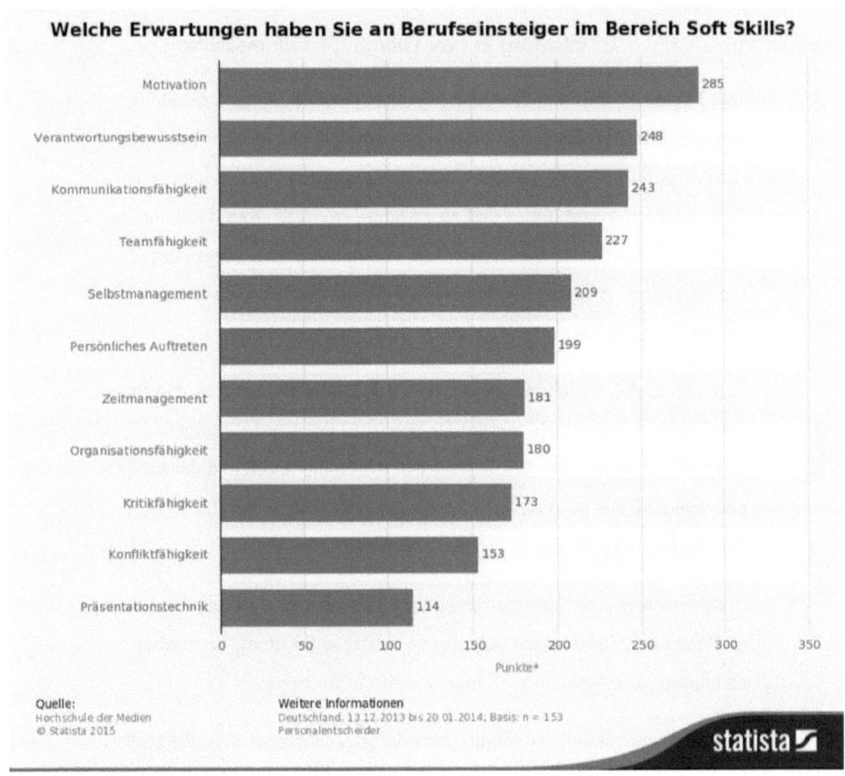

Abbildung 1: Welche Erwartungen haben Sie an Berufseinsteiger im Bereich
Soft Skills? (Statista, 2015)

Die Auswahl von Bewerbern, die gut in ein Team passen wird immer
wichtiger, da es auch eine Frage der Kosten ist, die auf die Unternehmen
zukommt, falls das zusammengestellte Team nicht funktioniert. Nicht nur
die vorangehenden Kosten für die Einarbeitung und Team-Building-
Maßnahmen, sondern auch die, falls das ganze Projekt scheitert.

Die Hausarbeit beschäftigt sich mit der Frage, ob ein Zusammenhang zwischen dem Persönlichkeitsmerkmal Verträglichkeit und der Gruppenleistung gibt. Wird die Gruppenleistung erhöht, wenn die Mitglieder alle das Merkmal der Verträglichkeit aufweisen?

Die Begriffe Gruppe und Team sind in der folgenden Arbeit gleichzusetzen.

2 Begriffserklärungen

2.1 Merkmale einer Gruppe

Gruppen sind soziale Gebilde von 2 bis mehrere Personen. Sie verfolgen ein ähnliches Ziel, über einen längeren Zeitraum, sowie interagieren sie „face-to-face", somit besteht eine unmittelbare Kommunikation im Mittelpunkt. Durch die kontinuierliche Interaktion miteinander entsteht in der Gruppe ein „Wir-Gefühl" und daraus werden Normen der Gruppe, sowie die Rollenverteilung festgelegt (Edding, 2015, S10).

Als Normen gelten allgemein geteilte Erwartungen der Gruppe, wie z.B. akzeptables Verhalten, Wert und bestimmte Ansichten, die innerhalb der Gruppe festgelegt worden sind (Aronso, Wilson & Akert, 2008, S. 472) (Tschuschke, 2010, S. 19).

Die Gruppenmitglieder ordnen sich eher Normen untern, als unter Sanktionen zu erfahren. So werden normative Einflüsse auf die einzelnen Gruppenmitglieder und deren Verhalten ausgeübt. Die Akzeptanz und der Schutz werden als wichtiger erachtet, als das Durchsetzen einzelner Meinungen. Es wird des Weiteren in formelle und informelle Gruppen unterschieden. Informelle sind eher spontane Verbindungen, wie eine Interessengruppe oder ein Freundeskreis. Die Formelle Gruppe hat deutlich mehr Strukturen beispielhaft sind hier die Arbeitsgemeinschaften und Vereine. (Jonas, Stroebe & Hewstone, 2014).

2.2   Gruppenleistung

Es wird schon seit einer langen Zeit in Gruppen gearbeitet, meistens in informellen Gruppen, wie etwa Lerngemeinschaften. Wir erwarten, dass sich durch die Gruppenarbeit die Leistung erhöht, als wenn jedes Individuum für sich arbeitet (Jonas, Stroebe & Hewstone, 2014). Robert Zajonc (1965) belegte bereits, dass die Anwesenheit anderer Personen eine dominante Reaktion hervorgerufen wird und das Ergebnis der Gruppenleistung sich damit verbessert, jedoch nur im Hinblick auf leicht zu lösende Aufgaben (Fischer, Asal & Krueger,2013, S. 130) (Universität Paderborn, Dohmen, 2017).

Nach Jonas, Stroebe & Hewstone (2014, S.474) lässt sich die Gruppenleistung wie folgt bestimmen:

Tatsächliche Gruppenleistung = Gruppenpotential – Prozessverluste + Prozessgewinne

Das Gruppenpotential ist die Gesamtheit aus der zu erwartenden Einzelleistungen jedes Individuums der Gruppe.

2.2.1 Prozessverluste

Prozessverluste können durch verschiede Einflüsse auf die Koordination, Fertigkeiten und Motivation der einzelnen Mitglieder entstehen. Dies sind Soziale Faulheit, Entbehrlichkeitseffekt und der Trottel-Effekt, diese werden nachfolgend erläutert (Jonas, Stroebe & Hewstone, 2014, S.478):

Die soziale Faulheit entsteht, wenn einzelne Gruppenmitglieder ihre Leistung bzw. Leistungsbereitschaft reduzieren, da die einzelnen Beiträge keinen bestimmten Personen zugeordnet werden (Aronson, Wilson & Akert, 2008 S. 284).

Der Entbehrlichkeitseffekt, auch Trittbrettfahrer, äußert sich dadurch, dass einige Mitglieder sich weniger anstrengen, als sie könnten, da sie das Gefühl haben, dass ihre Beiträge keine Anerkennung in der Gruppe erlangen. Als letztes der Trottel-Effekt, hier nehmen sich Personen zurück, da sie denken, dass sie sonst von anderen ausgenutzt werden. Sie

wissen unter Umständen mehr und haben das Gefühl, dass andere Gruppenmitglieder sich auf ihrem Wissen ausruhen. Somit stellen sie sich
selbst als Trottel da (Jonas, Stroebe & Hewstone, 2014, S.479).

2.2.2 Prozessgewinne

Die Gruppenleistung kann sich auch positiv auswirken, dies bezeichnet
man dann als Prozessgewinn, hierzu zählen der soziale Wettbewerb, soziale Kompensation und der Köhler-Effekt, nachfolgend werden dieser er-
klärt.

Der soziale Wettbewerb findet statt, wenn sich die Mitglieder untereinander vergleichen. Jeder möchte der Beste sein, die Anstrengung wird also
mit Anerkennung belohnt (Jonas, Stroebe & Hewstone, 2014, S.479).

Die stärkeren Mitglieder einer Gruppe arbeiten härter, damit die fehlende
Leistung der schwächeren Gruppenmitglieder ausgeglichen werden kann.
Dies wird soziale Kompensation genannt.

Eine weitere Leistungssteigerung ist zu erwarten, wenn die schwächsten
Mitglieder härter arbeiten, als sie es allein tun würden, um nicht als
Schwächster der Gruppe zu gelten und das Gruppenergebnis nicht zu ver-
schlechtern (Werth & Knoll, 2008).

3 Hypothese über mögliche Zusammenhänge von Per-sönlichkeit und Gruppenleistung

Eine gute Gruppenarbeit zeichnet sich durch das Zusammenarbeiten der
einzelnen Gruppenmitglieder aus. Voraussetzung dafür sind die richtigen
Persönlichkeitsmerkmale, damit eine hohe Leistungsstärke erzielt werden
kann.

Die Persönlichkeit im Allgemeinen stellt die Gesamtheit aller Persönlich-
keitseigenschaften einer Person dar, wie z.B. ihre Äußerlichkeiten und

sein Verhalten. Diese Eigenschaften werden auch als Disposition bezeichnet, sie sind mittelfristig, zeitlich stabil und überdauern ca. eine Wo-
che bis einen Monat. Die Person zeigt hier in bestimmten Situationen ein
bestimmtes Verhaltensmuster (Asendorpf, 2015).

Es stellt sich jetzt die Frage nach welche Persönlichkeitsmerkmale notwendig sind, damit die Gruppe ein Prozessgewinn erzielt bzw. ob diese
überhaupt einen Einfluss ausüben.

3.1   Das Persönlichkeitsmerkmal Verträglichkeit

Die „Big-Five" wurden das erste Mal von Normen (1967) und später von
Goldberg (1990) ermittelt. Dabei stellten sie mit Hilfe des Lexikalischen
Ansatzes haben sie die fünf Hauptfaktoren der Persönlichkeit festgelegt.
Diese sind die folgenden: Offenheit gegenüber neuen Erfahrungen, Ge-
wissenhaftigkeit, Extraversion, Neurotizismus und Verträglichkeit. Die
Verträglichkeit wird genauer beschrieben als Freundlichkeit, Hilfsbereit-
schaft und Wärme im Umgang mit Anderen (Asendorpf, 2015, S.55).
Der Faktor Verträglichkeit lässt sich noch in sechs Unterfaktoren, auch
Facetten genannt, einteilen, die sich unterschiedlich auf das Verhalten ei-
ner Person auswirken. Dies sind Vertrauen, Freimütigkeit, Altruismus,
Entgegenkommen, Bescheidenheit und Gutherzigkeit. Nachstehend noch
eine tabellarische Übersicht darüber und welche Werte sie einnehmen.

Verträglichkeit gilt im Allgemeinen als ein sozial orientiertes Motiv, des-
halb gelten hohe Werte als gewünscht und niedrige Werte als durchweg
unerwünscht (Asendorpf, 2015, S.70).

Facette	Niedrige Werte	Hohe Werte
Vertrauen	misstrauisch, skeptisch, zynisch	arglos, gutgläubig, vertrauensvoll
Freimütigkeit	arglistig, berechnend, unehrlich	aufrichtig, grundehrlich, offenherzig
Altruismus	egoistisch, ichbezogen, selbstsüchtig	großzügig, hilfsbereit, rücksichtsvoll
Entgegenkommen	rechthaberisch, streitsüchtig, unnachgiebig	gutwillig, nachgiebig, versöhnlich
Bescheidenheit	arrogant, eitel, wichtigtuerisch	bescheiden, genügsam, uneitel
Gutherzigkeit	hartherzig, mitleidlos, unbarmherzig	gutmütig, mitfühlend, verständnisvoll

Abbildung 2: Facetten von Verträglichkeit (Asendorpf, 2015, S.70)

3.2 Das Merkmal Verträglichkeit im Zusammenhang mit Gruppenleistung

Der Zusammenhang von Verträglichkeit mit der Gruppenleistung lässt sich so analysieren, dass die Gruppenleistung im Zusammenhang mit der Gruppenkonstellation steht. Die Verträglichkeit wird als Prädikator (abhängige Variable) angesehen und die Gruppenkonstellation als unabhängige Variable. Wenn nun die einzelnen Gruppenmitglieder mit dem Merkmal der Verträglichkeit ausgewählt worden sind, sind diese sozial aufgestellt, sowie freundlich und hilfsbereit, damit wird eine angenehme Arbeitsatmosphäre geschaffen. Dies wiederum verstärkt das bereits in Kapitel 2.1. beschriebene „Wir-Gefühl". Dies sind Grundvoraussetzungen für die Gruppenleistung (Rowe & Paglicci, 2008, S.454).
Wird nun eine Aufgabe von der Gruppe gut bearbeitet, steigt auch die Kohäsion (Aronson, Wilson, Akert, 2008, S.279). Und schlussfolgerisch auch der soziale Wettbewerb, die Beiträge werden untereinander verglichen und die soziale Kompensation nimmt zu, die stärker Mitglieder arbeiten noch härter, sowie die schwächeren Mitglieder arbeiten besser, um das Gruppenergebnis zu verbessern (Asendorpf, 2015, S.55).

3.3 Hypothese

Die Hypothese ist die folgende, dass ein Zusammenhang zwischen der Zusammensetzung der Gruppe hinsichtlich des Merkmals Verträglichkeit (mit hohen Werten) und der positiven Auswirkung auf die Arbeitsleistung besteht.

4   Darstellung der Ergebnisse

4.1   Literaturrecherche

Der Zusammenhang von Persönlichkeit und Verhalten ist nicht immer eindeutig zu bestimmen. So gehen viele Wissenschaftler davon aus, dass die Persönlichkeit eines Menschen auch deren Verhalten bestimmt. Jedoch gibt es auch andere Ansichten zu diesem Thema, es ist nämlich nicht nur die Persönlichkeit, die unser Denken, Fühlen und Handeln bestimmt, sondern auch die Situation (Fetchenhauer, 2012, S180). Darley & Bartson, 1973, haben eine Studie mit Theologiestudenten durchgeführt. Vor Beginn des Tests haben sie alle Studenten gefragt, warum sie dieses Fach studieren und haben verschiedene Antworten bekommen, wie z.b. das sichere Einkommen oder den Glauben an die Religion. Danach wurden die Studenten in zwei Gruppen eingeteilt. Sie sollten an einem Ort einen Vortrag über Religion halten, der einen Gruppen haben sie gesagt, dass sie sich beeilen müssten, um den nächsten Vortragsort noch rechtzeitig zu erreichen, den anderen nicht. Die Studenten beendeten ihren ersten Vortrag und begaben sich zu dem zweiten. Auf dem Weg war ein hilfsbedürftiger Mann, der kniete und offensichtlich Hilfe benötigte. Das Ergebnis dieser Studie sieht so aus, dass nur 10% der Studenten, die in Eile waren dem Man geholfen haben, von den Studenten, die es nicht eilig hatten waren es sogar über 60%. Daraus geht auch hervor, dass die vorher gemessenen Gründe für das Theologiestudium keine weitere Bedeutung hatte auf den Einfluss der Hilfsbereitschaft gegenüber dem Mann.

Eine Situation ist demnach nicht aussagekräftig genug, ob eine Person hilfsbereit oder verträglich ist. Es müssen immer mehrere Werte genommen werden, damit die Stichprobe ausreicht, um mit dem Merkmal zu korrelieren. Als Beispiel ist auch zu nennen, dass ein gewissenhafter Schüler seine Hausaufgaben auch einmal nicht macht, was normal ist, je-

doch macht er seine Hausaufgaben gewissenhafter und häufiger, als die-
jenigen Schüler, die nicht so ordentlich und gewissenhaft sind (Fetchenhauer, 2012, S181).

Ebenfalls hängt es von der Stärke der Situation ab, in der sich die Person
befindet. Ist es eine starke z.b. eine Beerdigung, so wird sich auf die ext-
ravertierte Person ruhig verhalten, da ein anderes Verhalten als sehr un-
angemessen gilt. Eine eher schwache Situation ist beispielsweise 15 Min
vor Vorlesungsbeginn, jeder Studenten macht das, wonach ihm ist, die einen Lesen und die anderen suchen das Gespräch mit ihrem Kommilito-
nen. Die extrovertierte Person wird hier verständlicherweise das Gespräch mit ihren Freunden suchen (Fetchenhauer, 2012, S. 182).

Es gibt demnach bestimmte Situationen, in denen das Persönlichkeitsmerkmal keine übergeordnete Rolle spielt, hier sind die Umwelteinflüsse
entscheidend. Welche Norm wird in bestimmten Situationen von der Gesellschaft vorgegeben, wie stark wir uns daranhalten oder nicht.

Verträgliche Menschen zeichnen sich durch die Merkmale Vertrauen,
Aufrichtigkeit, Bescheidenheit, Gutherzigkeit und Entgegenkommen aus,
sie gelten damit als verträglich in einer Gruppe und sind somit beliebter.

„Verträglichkeit (…) repräsentiert die Tendenz, in der Kooperation mit
anderen tolerant und verständnisvoll zu sein und auch dann nicht aggres-
siv zu reagieren, wenn man selbst ausgenutzt wurde." (vgl. Maltby, Day
& Macaskill, 2011, S. 426)

Daraus lässt sich ableiten bzw. bestätigen, dass verträgliche Personen e-
her weniger verdienen, als andere, da sie Konflikten mit ihrem Vorge-
setzten bezüglich einer Gehaltserhöhung oder Beförderung aus dem Weg
gehen. Sie stecken mehr Energie in eine Beziehung als Personen, die weniger Verträglich sind. Dies ist ihnen im sozialen Bereich eher hoch an-
zurechnen, da sie so die Harmonie einer Gruppe aufrechterhalten und
eine gute Zusammenarbeit stärken.

Abbildung 3: Faktoren der Teamarbeit (Edding et al, 2015, S. 151)

Die Faktoren einer erfolgreichen Teamarbeit sind vorangehend abgebildet. Das Fundament bildet die Beziehung, die die einzelnen Teammitglieder untereinander pflegen, bzw. je unterschiedlicher die Mitglieder einer Gruppe sind, desto risikoreicher ist es, dass sich ein Konflikt bildet und das Gruppenkonstrukt gefährdet, wenn nicht sogar zusammenbrechen lässt. Die Handlungsweisen können nur verändert werden bzw. bestimmt werden, wenn die Gruppe neu zusammengesetzt wird, bei einer bestehenden funktionierenden Gruppe den Anführer entfernen, würde zu Unsicherheiten in der Gruppe führen und das Gefüge durcheinanderbringen (Edding et al, 2015, S. 152).

Die Funktionsrollen und Aufgaben bestimmen, ob ein Anführer in der Gruppe bestimmt oder gewählt worden ist, oder ob er sich sogar selbst zu einem gemacht hat. Es ist Gruppentyp abhängig, ob ein Anführer Sinn macht und die Gruppenleistung fördern kann oder nicht. In der Forschung und Entwicklung z.B. macht es keinen all zu großen Sinn, wenn ein Anführer bestimmt wird, da man hier viel Kreativität und Freiheit

braucht. All dies führt zu den gemeinsamen Zielen, die bei einer optima-
len Gruppenzusammenstellung gut erreicht werden können. Nicht außer
Acht zu lassen, sind noch die Umwelteinflüsse, es ist abhängig, in wel-
chem Bereich sich die Gruppe zusammenfindet und welche Interessen sie
verfolgen oder welche Aufgaben sie auferlegt bekommen (Edding et al,
2015, S. 152).

Sucht man die Gruppenmitglieder nach einem hohen Wert für das Persönlichkeitsmerkmal Verträglichkeit aus, so geht man davon aus, dass
sich die Gruppenleistung erhöht, da diese Personen besonders verträglich
sind und somit die Gruppenleistung vorantreiben sollen. Hier würde dann
die Gruppenleistung gesteigert werden, in dem z.B. das stärkste Mitglied
einer Gruppe härter arbeitet, um die Gruppenleistung zu verbessern. Ein
Prozessgewinn findet demnach statt und die Harmonie in der Gruppe
wird ebenfalls verbessert. Ein weiterer Effekt für einen Prozessgewinn
ist, dass die schwächste bzw. die Person, die am schwächsten arbeitet,
noch mehr Aufwand und Intensität in ihre eigene Arbeit und somit in die
Gruppenarbeit steckt. Sie möchte einfach nicht die schwächste sein und
arbeitet härter, als sie es alleine tun würde. Daraus resultiert ein positiver
Effekt für beide Seite, sowohl für die einzelne Person, sie kommt in ihrem Wissenstand weiter, als auch die Gruppe, da die Gruppenleistung erhöht wird und das Ergebnis ihrer Arbeit positiver ausfällt.

Um eine optimale Gruppe zusammenzustellen ist es erst einmal ratsam
einen Berufseignungstest durchzuführen, in dem das Persönlichkeitsmerkmal Verträglichkeit sehr hoch gewertet wird. Der passende Test
muss ausgewählt werden. Hier ist jedoch Obacht geboten, die Durchführung sollte nicht all zu aufwendig sein und vor allem muss der Test reliabel sein, das heißt er muss jederzeit wieder durchgeführt werden können
und zu dem gleichen Ergebnis führen (Malty, Day, Macaskill, 2011, S.
51). Die Problematik hierbei liegt darin, dass neben Verträglichkeit auch
andere Persönlichkeitsmerkmale getestet werden müssen, denn nicht das
alleine macht eine Person bzw. eine Persönlichkeit aus. Viele Faktoren
sind ausschlaggebend. Als Beispiel zu nennen, dass ein Kind, dass von

den Eltern während seiner Kindheits- und Jugendtage geschlagen worden
ist, neigt im Erwachsenenalter zu einer höheren Aggressivität. Dies muss
aber nicht zwingend der Fall sein, die Wahrscheinlichkeit ist nur höher
einzuschätzen. Die Person wird höchst wahrscheinlich währen der Arbeit, welche eine starke Situation für ihn darstellen kann, keine gewalttä-
tigen Taten ausführen, sondern sich auf die festgelegten Normen der
Gruppe halten., da die Angst vor dem Ausschluss aus der Gruppe wesent-
lich höher ist (Jonas, Stroebe, Hewstone, 2014). Die Gefahr eines solchen
Eignungstest ist, dass die falschen Kriterien ausgewählt werden und somit die falschen Personen für die Gruppe, diese Gruppe arbeitet dann
nicht gut zusammen und kostet dem Unternehmen viel Geld. Zusammenfassend ist zusagen, dass für ein sehr wichtiges Projekt sinnvoll ist ein
Auswahlverfahren mit Blick auf die Persönlichkeitsmerkmale durchzuführen, in unserem Fall sollte die Verträglichkeit an oberster Stelle stehen
und am höchsten bewertet werden. Andere Faktoren, wie z.B. Gewissen-
haftigkeit, dies zählt auch zu den „Big Five", hier geht man davon aus,
dass die Person ordentlich und zuverlässig ist, was genauso zu einer gu-
ten Gruppenarbeit passt (Asendorpf, 2015, S.55).

4.2   Schlussbetrachtung Literaturrecherche

Nach Betrachtung der Literaturrecherche und der von mir vorher aufge-
stellten Hypothese, kann ein Zusammenhang von dem Persönlichkeitsmerkmal Verträglichkeit und der Gruppenleistung festgestellt werden,
wenngleich er nicht überragend ist, es ist jedoch nicht von der Hand zu
weisen, dass dieser besteht.

Die Erkenntnis über diesen Zusammenhang sind nicht nur in der Arbeits-
welt von Bedeutung, sondern auch im Privatleben bzw. in anderen Arten
von Gruppen. Die sozialen Kompetenzen gewinnen immer mehr an Bedeutung, wobei die Fachkenntnisse auch nicht außer Acht zu lassen sind.

Das gewonnene Wissen über Gruppen, deren Strukturen und Prozessen
kann genutzt werden, um die Probleme in einer bereits bestehenden

Gruppe zu analysieren und ihnen von einem Prozessverlust zu einem Prozessgewinn zu verhelfen. Es sollte aber dennoch darauf geachtet werden, dass sowohl bestehende gut funktionierende Gruppen nicht auf falsche Bahn geraten, durch verschiedenste Umwelteinflüsse, ansonsten gerät die Struktur aus der Bahn und im schlimmsten Fall, kann die Gruppen und ihr Gefüge auseinanderbrechen.

5 Handlungsempfehlung für die Zusammenstellung von leistungsstarken Gruppen

Das Zusammenstellen einer Arbeitsgruppe beginnt meistens in der Personalabteilung in Zusammenarbeit mit der Abteilung, die die neue Gruppe zusammenstellen möchte bzw. ein neues Teammitglied für die Gruppe sucht. Der Fokus bei der Auswahl der richtigen Person liegt in mehreren Faktoren, ob die Person zur Aufgabe passt, ob die Person zur Gruppe passt und in unserem Fall, ob die Person zum Merkmal Verträglichkeit passt. Um dies rauszufinden bedienen sich viele Unternehmen, wie z.B. Siemens und Volkswagen an sogenannten Assessment Centern. Um beginnen zu können wird zu Anfang eine Anforderungsanalyse durchgeführt, damit die richtigen Merkmale und Fähigkeiten für die ausgeschriebene Stelle gefunden werden kann. Dies bezieht sich auf die Punkte Aufgabe, welche Fertigkeiten soll der Bewerber mitbringen? Das Verhalten, wie verhält sich der Bewerber in bestimmten Situation z.B. Gruppenarbeit unter Stress. Und welche Eigenschaften bringt der Bewerber mit, was kann er noch zur Teamarbeit und zum Prozessgewinn beitragen? (Nerdinger, Blicke & Schaper, 2014, S. 210). Die Eigenschaft Verträglichkeit wird in unserem Auswahlverfahren als besonders wichtig und als erstes zu bewerten, eingestuft, alle weiteren Faktoren stehen an zweiter Stelle und sind entsprechend zu bewerten. Um herauszufinden, welcher Bewerber besonders verträglich ist, wird ein Persönlichkeitstest durchgeführt, für dieses Merkmal ist es sinnvoll den NEO-PI-R Test durchzuführen, entwickelt von Ostendorf & Angleitzer (2003). Anhand der Ergebnisse lässt sich sagen, wie hoch die Verträglichkeit ist und es lässt sich noch in weitere Facetten aufteilen und die einzelnen Punkte bewerten. Der Test ist ziemlich umfangreich, aber hat in diesem Fall eine hohe Realität, dies bedeutet, dass er jederzeit wiederholt werden kann und man auf dasselbe Ergebnis kommt (Asendorpf, 2015, S. 57).

5.1 Gruppengröße

Die Gruppengröße ist entscheidend dabei, wie gut sie funktioniert und deren einzelne Mitglieder. Nimmt die Gruppengröße zu, so wird der Einfluss jedes einzelnen Mitglieds weniger. Der Egoismus nimmt zu und Bedürfnis nach kooperativen Entscheidungen nimmt ab. Ein weiteres Ausmaß ist, dass bei steigender Mitgliederzahl, die Mitglieder langsam das Vertrauen in ihre Fertigkeiten verlieren. Daher ist es angeraten die Gruppen nicht größer als 5-6 Personen werden zu lassen (Edding, 2015, S. 152).

5.2 Status / Rollenverteilung

Den meisten Personen wird schon bei Auftreten eine gewisse Rolle zugeschrieben. In der Regel findet sich der Anführer einer Gruppe von alleine, da seine Persönlichkeit darauf abzielt. Diese Position in der Gruppe wird in der Regel erst angezweifelt, wenn ein Ergebnis dafür einen Grund zulässt. Beispielhafte Rollen sind die des Ideengebers, Umsetzer, Entscheider und die des Kontrolleurs.

„Rolle: Die Verhaltensweisen, die von einer Person mit einer bestimmten Position in der Gruppe erwartet wird." (Jonas, Stroebe, Hewstone, 2014, S. 450) Es gilt jedoch darauf zu achten, dass eine Person sich die Führungsrolle nicht zu sehr annimmt, da die anderen Mitglieder sich sonst benachteiligt fühlen, wodurch die Leistung sinkt, ebenfalls fällt sie noch stärker ab, wenn dieses Mitglied ausgewechselt wird (Brocher, 2015, S.34).

5.3 Homogenität / Heterogenität

Heterogene Gruppen sind besser in der Bewältigung von kreativen Aufgaben, sowie sehr anspruchsvollen, in denen eine schwierige Entscheidung notwendig ist. Sie verfügen durch die Unterschiedlichkeit der einzelnen Gruppenmitglieder eine breite Wissensvielfalt. Zu Beginn des
Gruppenprozesses erzielen noch keine nennenswerten Erfolge, da sie sich
erst auf eine Basis einigen müssen, wenn dies erreicht ist, kann eine heterogene Gruppe sehr Leistungsstark sein. Allerdings birgt dieser Unterschied das Risiko von Konflikten, was eher zu einem Prozessverlust bis
hin zur Auflösung der Gruppe führen kann (Edding, 2015, S. 152).
Homogene Gruppen hingegen zeichnen sich dadurch aus, dass sie sowohl
fachlich, als auch persönlich sehr gut zusammenpassen. Sie erzielen von
Beginn an Erfolge. Die Gefahr, die hier herrscht ist, dass ihnen irgend-
wann die nötige Kreativität fehlt, um voranzukommen. Zusammenfassend ist dazu zu sagen, dass es sinnvoller ist eine homogene Gruppe zu
wählen, aber einen leichten Einfluss einer heterogenen Gruppe hinzuzu-
ziehen (Edding, 2015, S. 152).

5.4 Aufgabenarten / Arbeitsbedingung

Die Gruppenmitglieder zeigen Aufgabenbezogenes Verhalten, wenn die
Gruppe dem Zweck der Erfüllung dieser dient. Ebenso muss die Gruppe
nicht nur ihre Aufgaben erfüllen, sondern auch teilweise auf die Bedürf-
nisse ihrer Mitglieder eingehen und sich selbst organisieren, damit der
Ablauf funktioniert. In Arbeitsgruppen sind die drei Hauptpunkte, auf die
geachtet werden soll (Edding, 2015, S.22). Des Weiteren werden noch
die Aufgaben in unterschiedliche Arten aufgeteilt. Die nachstehende Abbildung verdeutlicht dies einmal.

Art der Aufgabe	Beispiele	Gruppenpotenzial
Additiv	Tauziehen; Brainstorming; Schneeschaufeln	Summe der Leistungen der einzelnen Mitglieder
Disjunktiv	Problemlösen; Fällen einer Entscheidung; mathematische Berechnungen	Einzelleistung des besten Mitglieds
Konjunktiv	Bergsteigen/Klettern; Präzisionsarbeit; etwas vertraulich halten	Einzelleistung des schlechtesten Mitglieds

Abbildung 4: Wichtige Arten nicht unterteilbarer Gruppenaufgaben und die Folgerungen daraus für das Gruppenpotential (Jonas, Stroebe, Hewstone, 2014, S.472)

Nach Steiner (1972) werden die Aufgaben in unterteilbaren Aufgaben und nicht unterteilbare Aufgaben gesplittet. Bei den nicht unterteilbaren ist es notwendig, dass die ganze Gruppe an dergleichen Aufgabe arbeitet bei der unterteilbaren können verschiede Aufgaben den Mitgliedern zugeteilt werden, die zur Aufgabenerreichung notwendig sind. Als ein weiterer Punkt ist zu betrachten, ob das Aufgabenziel eine Maximierungsaufgabe oder eine Optimierungsaufgabe ist und letztlich, ob die Gruppenleistung in Zusammenhang mit der Leistung der Individuen steht (Stroebe et al, 1990, S. 351).

Die Additiven Aufgaben beschreiben die Summe der Leistungen der einzelnen Mitglieder. Hier werden eher Maximierungsaufgaben durchgeführt, wie das Brainstorming, die Gruppe sollte so viele Ideen sammeln, wie jedes Individuum für sich. Je höher die Leistung des einzeln, desto größer fällt das Gruppenpotential aus. Bei den disjunktiven Aufgaben wird das Gruppenpotential durch die Einzelleistung des besten Mitgliedes bestimmt. Zum Arbeitsprozess ist zusagen, dass die Gruppe die richtige Antwort zu einem Problem oder Aufgabenstellung auswählt. Dies bedeutet, je größer die Gruppe ist, desto wahrscheinlicher ist es, dass ein Mitglied die richtige Lösung erkennt. Relativ betrachtet nimmt das Gruppenpotential zu, jedoch ist noch zu berücksichtigen, dass die Steigerung des Potentials bei einem Zuwachs von einem Mitglied auf zwei, sehr hoch. Wächst die Gruppe jedoch von 20 auf 21, ist der Unterschied nicht mehr so erheblich. Hinzu kommt noch der Heureka-Effekt, hier erkennen die Mitglieder das Gruppe die Lösung die festgelegt worden ist, sofort als

richtig, schlüssig und nachvollziehbar. Und als letzte Art sind die kon-
junktiven Aufgaben zu nennen. Hier wird das Gruppenpotential an der
Einzelleistung des schwächsten Mitgliedes gemessen. Alle Mitglieder der
Gruppe müssen mit einer Aufgabe abschließen, damit die Gruppe erfolg-
reich sein kann. Das Gruppenpotential nimmt mit dem Größerwerden ab,
da die Wahrscheinlichkeit zunimmt, dass eine leistungsschwächere Person hinzukommt. Bei diesem Aufgabentyp ist es besser, wenn man eine
kleine Gruppe auswählt und die die Aufgaben aufteilt. (Jonas, Stroebe &
Hewstone, 2014, S.474).

Zusammenfassend ist zu sagen, dass egal welche Aufgabenarten anste-
hen, dass die Gruppe immer zu einem Blick über den Tellerrand moti-
viert werden sollte und vor allem die Motivation jedes einzelnen Mitgliedes, egal ob Schwächstes oder Stärkstes. Das Persönlichkeitsmerkmal
Verträglichkeit macht anscheinend einen großen Teil des Einflusses aus,
jedoch sind die Umwelteinflüsse unter denen die Mitglieder stehen ebenfalls zu betrachten.

6   Stellungnahme und Einschätzung der Machbarkeit der vorgeschlagenen Empfehlung

Nach der Literaturrecherche ist zu festzustellen, dass das Persönlichkeitsmerkmal Verträglichkeit einen wichtigen Posten in der Leistung der
Gruppe einnimmt. Verschiede Faktoren beeinflussen jedoch die Leistung
der Gruppe, was nicht außer Acht zu lassen ist.

Die Durchführung eines Auswahlverfahrens angepasst an das Persönlichkeitsmerkmal ist schwer durchzuführen, aus unterschiedlichen Gesichts-
punkten. Zum einem sind die Persönlichkeitstest sehr teuer und häufig
gibt es keinen besonders wichtigen Grund einen solchen Test durchzuführen, zumal in ihrer Durchführung auch sehr lange dauern. Zum anderen ist das Ergebnis nicht immer reliabel, da der Bewerber sehr nervös
sein kann und damit nicht natürlich handelt. Ebenso kann dieser Test aus-
getrickst werden, der Proband kann selber entscheiden, was er ankreuzt,
unabhängig davon, ob er die Wahrheit sagt oder nicht. Damit ist es ihm

möglich sein Ergebnis zu schönen und das Ergebnis zu erzielen, das er haben möchte.

Ebenso wäre es sinnvoll darauf zu achten, dass nicht nur nach dem Persönlichkeitsmerkmal getestet wird. Was nützt es, wenn der Bewerber sehr gut im Team arbeitet, aber fachlich keine Ahnung von dem Thema hat. Zusätzlich zu Persönlichkeit und fachlicher Kompetenz sollte auch bewertet werden, wie gut sich der Bewerber mit dem Unternehmen identifiziert bzw. zu ihm passen würde.

Problematisch ist auch, dass man zu dem Thema wie sich das Persönlichkeitsmerkmal Verträglichkeit auf die Gruppenleistung auswirkt, kaum Studien findet, da der Teamerfolg bis dato unter diesem Gesichtspunkt wenig getestet worden ist.

Eine weitere Problematik wird sein, dass verträgliche Menschen als harmoniebedürftig gelten, sowie Konflikten eher aus dem Weg gehen. Manchmal sind diese aber unausweichlich, da nur so die richtige Lösung bzw. der richtige Weg eingeschlagen wird. Die verträgliche Person gibt in dem Konflikt nach und die falsche Entscheidung wird getroffen, was zu einem Prozessverlust führt. Allerdings ist auch zu beachten, dass sich die Persönlichkeit im Laufe des Lebens verändern kann, sie ist nicht genetisch festgelegt, sondern wird durch die Umwelteinflüsse geprägt. Im Kindes- und Jugendalter sind dies meist die Eltern und im späteren Verlauf das soziale Umfeld, in dem man verkehrt.

Zusammenfassend ist zu sagen, dass in der Theorie eine perfekte Gruppenerstellung möglich ist, in der Realität ist dies jedoch schwer umzusetzen, da verschiede Einflussfaktoren das Auswählen der richtigen Mitglieder erschwert. Im Endeffekt sollte eine Gruppe nicht nur nach einem Persönlichkeitsmerkmal ausgewählt werden, sondern auch nach den Fertigkeiten und wie sie zum Unternehmen passt. All dies zusammen ist wichtig, um eine gute Gruppenleistung zu erzielen.

Literaturverzeichnis

Asendorpf, J. B. (2015). *Persönlichkeitspsychologie für Bachelor*. Berlin: Springer.

Belbin, R. M. (2015). *Team Roles at Work*. Butterworth- Heinemann (Elsevier).

Borcher, T. (2015). *Gruppenberatung und Gruppendynamik*. Wiesbaden: Springer Gabeler.

Dohmen, C. (03. 01 2017). *groups.uni-paderborn.de*. Von http://groups.uni-paderborn.de/psychologie/scha_Gruppen-Teams_Einflussfaktoren%20der%20Gruppenleistung.pdf abgerufen

Edding, C. (2015). *Handbuch, Alles über Gruppen*. Beltz Verlag.

Elliot Arosnson, T. D. (2008). *Sozialpsychologie*. Pearson Studium.

Fechtenhauer, D. (2012). *Psychologie*. München: Vahlen.

Friedmann W. Nerdinger, G. B. (2014). *Arbeits- und Organisationspsychologie*. Berlin - Heidelberg: Springer.

John Maltby, L. D. (2011). *Differentielle Psychologie, Persönlichkeit und Intelligenz*. München: Pearson Studium.

Klaus Jonas, W. S. (2014). *Sozialpsychologie*. Springer.

Knoll, L. W. (2015). *Gruppen SOPS 3/H*. Hamburg: Skript der Europäischen Fernhochschule Hamburg.

Langewand, L. (kein Datum). *http://www.careerbuilder.de*. Abgerufen am 05. 01 2017 von http://www.prnewswire.co.uk/news-releases/uber-die-halfte-der-arbeitgeber-in-deutschland-hat-laut-umfrage-von-careerbuilderde-falschangaben-in-lebenslaufen-entdeckt-155237905.html

Medien, H. d. (2015). *Statista.de*. Abgerufen am 19. 01 2017 von http://de.statista.com/graphic/5/298199/erwartungen-von-unternehmen-an-berufseinsteiger-im-bereich-soft-skills.jpg

Medien, H. d. (19. 01 2017). *Welche Erwartungen haben Sie an Berufseinsteiger im Bereich Soft Skills?* Von Statistika: http://de.statista.com/graphic/5/298199/erwartungen-von-unternehmen-an-berufseinsteiger-im-bereich-soft-skills.jpg abgerufen

Peter Fischer, K. A. (2013). *Sozialpsychologie für Bachelor: Lesen, Hören, Lernen im Web*. Berlin Heidelberg: Springer.

Rapp-Paglicci, W. R. (2008). *Comprehensive Handbook of Social Work and Social Welfare, Social Work Practice*. Canada: Wiley John Wiley & Sons, Inc.

Tschuschke, V. (2010). *Gruppenpsychotherapie: Von der Indikation bis zu Leitungstechniken.* Stuttgart: Georg Thiehme Verlag KG.

Wolfgang Stroebe, M. H.-P. (1990). *Sozialpsycholgie: Eine Einführung.* Berlin - Heidelberg: Springer.